太空发展

撰文/陈信光　　审订/冯朝刚

中国盲文出版社

怎样使用《新视野学习百科》?

请带着好奇、快乐的心情，
展开一趟丰富、有趣的学习旅程！

1 开始正式进入本书之前，请先戴上神奇的思考帽，从书名想一想，这本书可能会说些什么呢?

2 神奇的思考帽一共有6顶，每次戴上一顶，并根据帽子下的指示来动动脑。

3 接下来，进入目录，浏览一下，看看这本书的结构是什么，可以帮助你建立整体的概念。

4 现在，开始正式进行这本书的探索啰！本书共14个单元，循序渐进，系统地说明本书主要知识。

5 英语关键词：选取在日常生活中实用的相关英语单词，让你随时可以秀一下，也可以帮助上网找资料。

6 新视野学习单：各式各样的题目设计，帮助加深学习效果。

7 我想知道……：这本书也可以倒过来读呢！你可以从最后这个单元的各种问题，来学习本书的各种知识，让阅读和学习更有变化！

神奇的思考帽

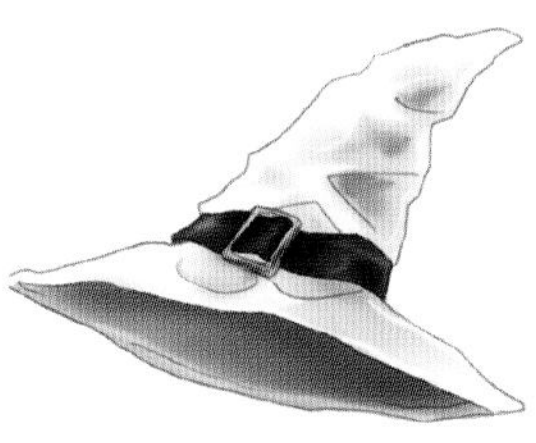
客观地想一想

用直觉想一想

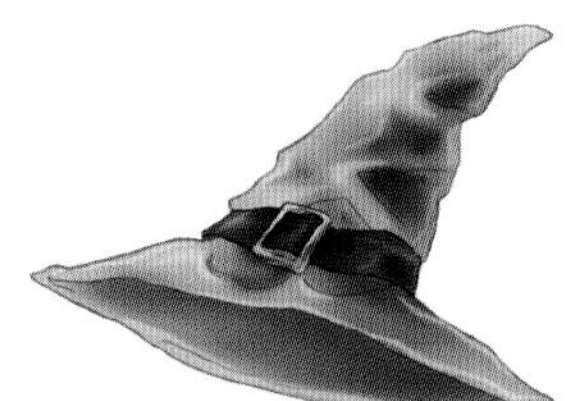
想一想优点

想一想缺点

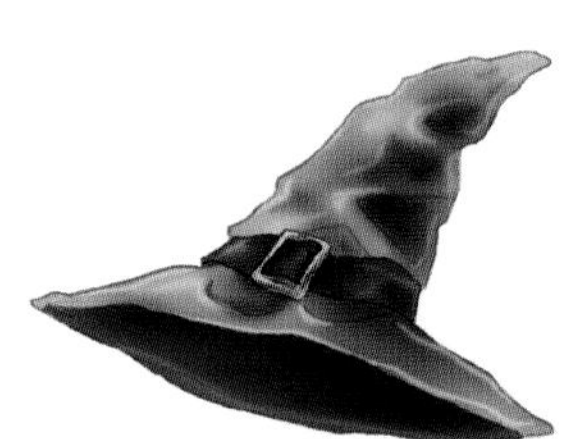
想得越有创意越好

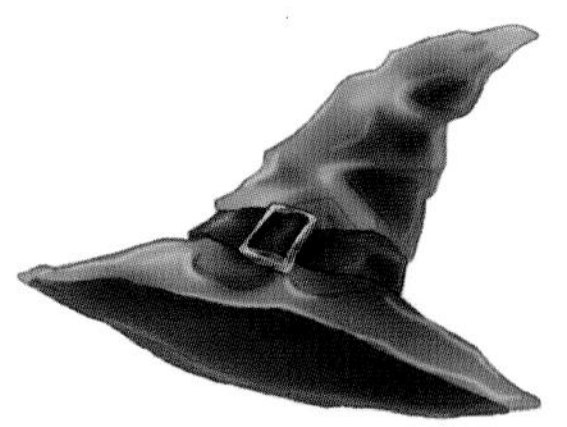
综合起来想一想

你知道航天器有哪几种进入太空的方法？

你认为哪一项太空发展最了不起？

生活中有哪些是太空科技的应用？

太空竞赛有什么缺点？

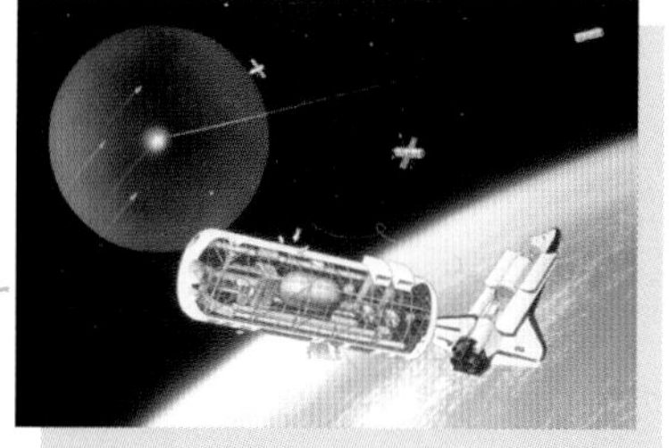

如果能够太空旅行，你想怎样规划行程？

太空发展对人类有什么影响？

目录

■神奇的思考帽

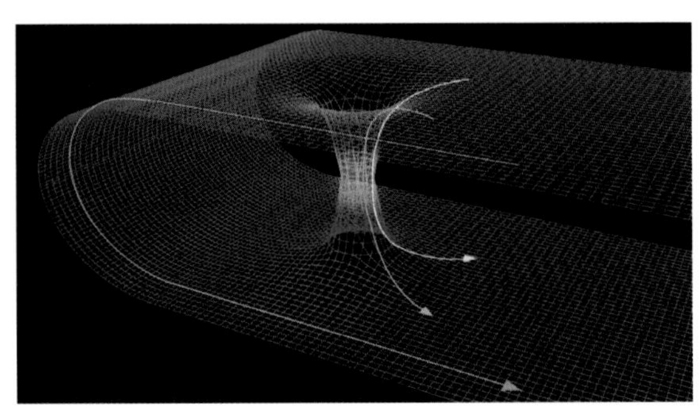

太空发展历程 06

太空的范围 08

火箭 10

人造卫星 12

宇航员 14

航天器 16

登陆月球 18

火星探测 20

深太空的探索 22

太空武器 24

国际的太空发展机构 26

太空竞赛 28

空间站 30

未来的太空旅行 32

CONTENTS

■英语关键词 34

■新视野学习单 36

■我想知道…… 38

■专栏

中国的最新太空发展 06

太空发展年表 07

太空中的资源回收 09

动手做火箭筒 11

卫星的发射 13

宇航员的任务 15

航天飞机失事事件 17

第一次登陆月球 19

火星上有生物吗 21

向外星生物说“Hello” 23

激光 25

如何将航天器送进太空 27

GPS的竞赛 29

宇航员的食物 31

光年 33

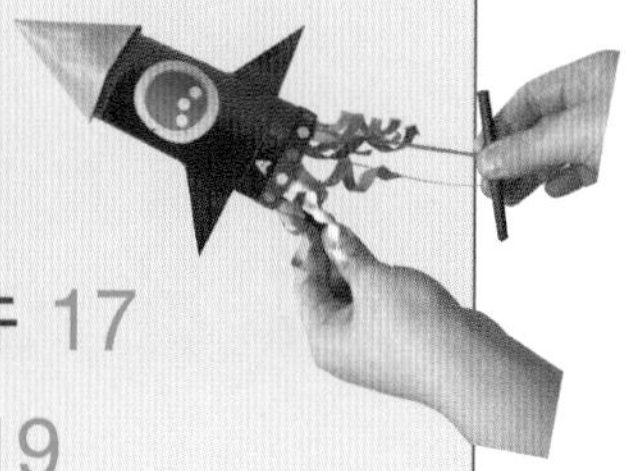

单元1

太空发展历程

（第一位女宇航员捷列什科娃，图片提供/维基百科）

无垠的太空是人类亟欲探索的未知世界，不过太空任务具有高度的危险性，所耗费的人力物力，更是令人无法想象。

太空飞行的困难与风险

想要进入太空，并不是一件简单的事。首先要克服地球的地心引力，目前的航天器以火箭作为推进的动力，体积大而且造价昂贵，火箭燃烧完后又无法回收；此外，火箭燃料属于极不稳定的物质，更增加发射的危险性，所以各国正积极研发新的太空发射载具。第二是如何在太空环境下保护人体。太空中没有空气，所以氧气的提供是生存的关键因素；在太空中的失压环境下，人体还会因为体内压力较大而出现体内器官膨胀破裂；没有大气层的保护，太阳光与其他辐射线对人体的伤害也加剧。另外，宇航员的心理状态也必须注意。第三是在重返地球时，重力加速度使得航天器产生极快的速度，因此必须使之减速到让人体可以承受的范围，还要隔离与空气摩擦产生的高热，以保护人员安全。

太空中无重力，会使骨骼、心血管与肌肉组织等生理机能退化，所以宇航员必须保持运动。（图片提供/达志影像）

太空先锋

1957年10月4日，前苏联发射第一颗人造卫星——斯普特尼克1号，揭开人类太空发展的序幕。当时为了将人类送上太空，先以小狗做实验，用来验证生物可以安全地往返地球与太空。1961年4月12日，前苏联的加加

中国的最新太空发展

2003.10	中国第一艘载人飞船神舟5号成功发射，杨利伟成为中国进入浩瀚太空的首位宇航员。
2008.09	神舟7号完成了中国宇航员首次太空行走。
2012.06	中国首位女宇航员“飞天”，实现宇航员首次访问在轨飞行器和手控交会对接。
2013.12	嫦娥3号探测器在月球表面预选着陆区域成功着陆，中国成为世界上第三个实现地外天体软着陆的国家。

（撰文/张文韬）

太空发展年表

1926.03 美国科学家戈达德制造出世界上第一枚液态火箭。
1942.10 德国科学家冯·布劳恩制造出V-2火箭，射程达300千米。
1957.10 前苏联发射世界第一颗人造卫星斯普特尼克1号。
1957.11 前苏联发射斯普特尼克2号，上面载有太空狗莱卡。
1958.10 美国国家航空航天局（NASA）成立。
1959.01 前苏联发射第一艘月球探测船月球1号。
1960.08 前苏联发射载有2只狗的斯普特尼克5号，2只狗也顺利返回地球。
1961.04 前苏联的加加林搭乘东方1号环绕地球后返回，成为世界上第一位宇航员。
1962.07 美国发射第一枚商用通讯卫星Telstar 1，成功完成越洋电视转播。
1963.06 前苏联的捷列什科娃搭乘东方6号升空，成为第一位女宇航员。
1965.03 前苏联宇航员列昂诺夫，首度完成太空行走，历时10分钟。
1965.12 美国的双子星7号与双子星6A号成功完成第一次太空对接。
1969.07 美国的阿波罗11号升空，阿姆斯特朗成为第一位踏上月球的宇航员。
1971.04 前苏联发射第一个空间站礼炮1号。
1981.04 美国发射第一架航天飞机哥伦比亚号。
1986.01 美国航天飞机挑战者号在升空73秒后爆炸，7名宇航员罹难。
1986.02 前苏联的和平号空间站发射升空，2001年3月结束任务后坠入海面。
1990.04 第一架太空望远镜哈勃，利用航天飞机发射升空。
1997.07 美国的火星探测器火星探路者号在火星登陆成功。
1998.11 国际空间站升空，开始组装。
2001.4 第一位太空旅客升空，展开6天的太空旅程，自费2,000万美元。

林搭乘东方1号载人飞船环绕地球1圈后安全重返地球，是历史上第一位宇航员；第一位女宇航员是前苏联的捷列什科娃，她在1963年6月16日搭乘东方6号载人飞船，环绕地球48圈后重返地球。当时正处在东西方冷战时期，美国也不甘示弱展开一系列的太空计划，例如水星计划、双子星计划、阿波罗计划等等，而第一位登陆月球的人类，则是美国人阿姆斯特朗。

太空研究不断地进步，除了航天器的发展外，还有对外太空星体的探索与观察。人类向太空发展，除了想更加认识宇宙及寻找外太空的生命与文明外，也为移民外太空作准备。

火箭、人造卫星、航天飞机等进入太空的飞行器，泛称为太空载具，其中在轨道上运行或是在太空中载人或不载人的飞行器，则称为航天器。图为美国新一代的载人航天器猎户座（Orion）的模拟图。（图片提供/NASA）

单元2

太空的范围

（双子星7号窗外的地球大气层，图片提供/NASA）

大气层是因为空气受到地心引力作用而包覆在地球表面，保护着地球表面的生物并提供氧气；但是对太空任务而言，大气层却有如一道屏障，为任务的执行投下许多无法预测的变数。

从地球出发

了解地球的大气结构对太空发展是相当重要的，因为无论是从地面观察太空，或发射航天器进入太空，都必须通过地球的大气层；而地面的天文观测站与太空无线电接收站所接收的光线、无线电波、宇宙射线等，也须穿透大气层到达地球的表面。

装设在飞机上的平流层红外线天文台（SOFIA），可以观测到平流层的红外线波，用来研究大气层。（图片提供/NASA）

大气层的厚度从地表起约1,000千米，离地面最近的是对流层（0—10千米），大气的质量几乎都集中在对流层，而且有天气的变化。平流层（10—50千米）的气体大部分是臭氧，气流稳定，适合航空器飞行，所以国际航线的班机均在此高度范围飞行。再往高处依序是中间层(50—80千米）、热层

地球的大气层可分为对流层、平流层、中间层、热层等结构，不同的飞行器和航天器能到达的高度都不同。（插画/吴仪宽）

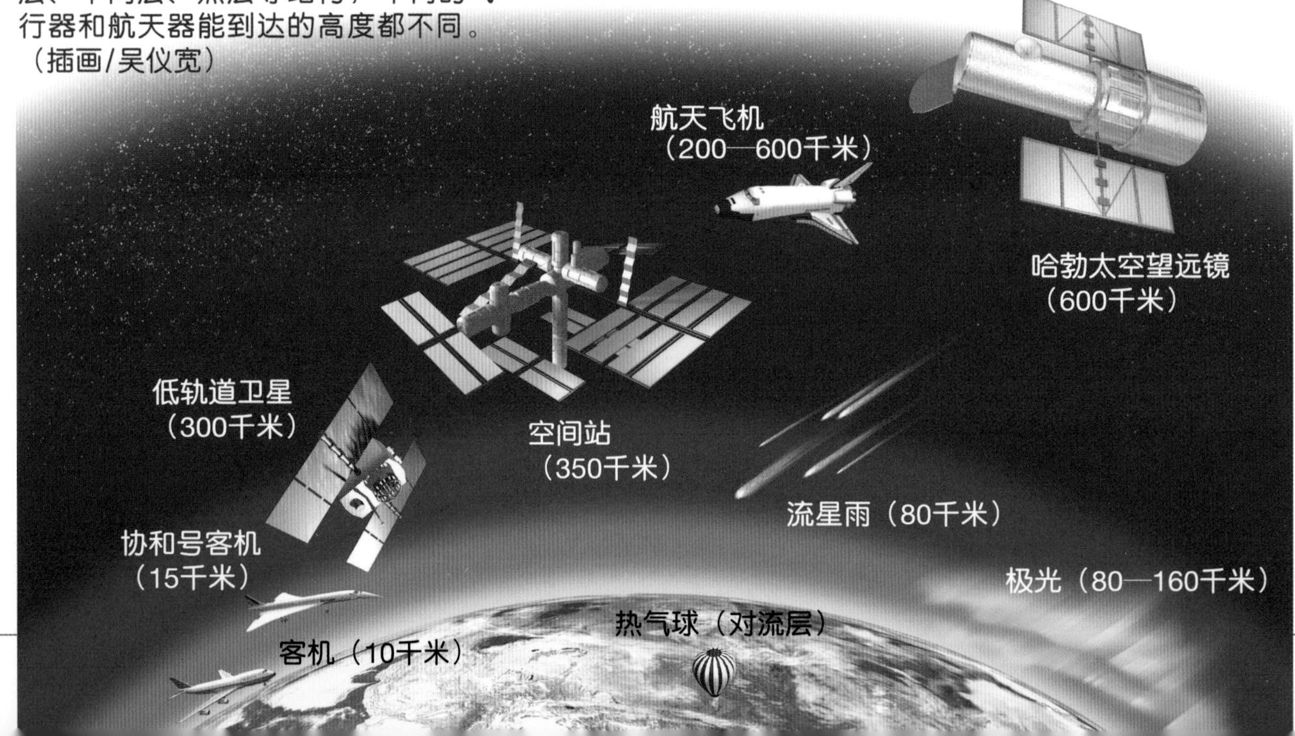

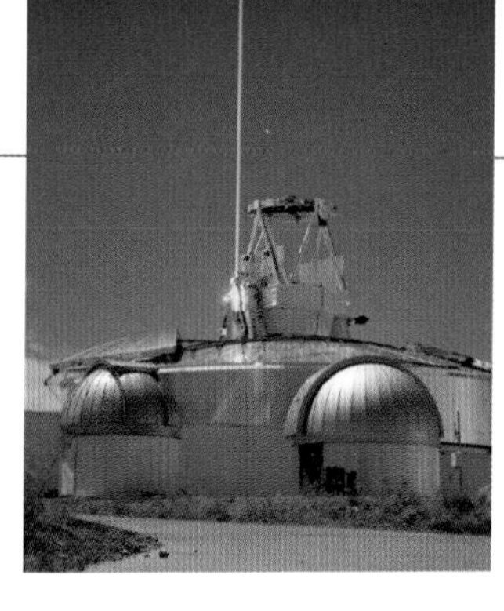

科学家利用各种方式来研究大气层。图为南极的光探测与测量器（LIDAR），利用激光来研究大气层上方的钠离子。（图片提供/维基百科）

（80—1,000千米），在此高度下空气已经十分稀薄，氧气与氮气因为吸收太阳紫外线与X射线而呈现游离状态。事实上，太空并没有一定且明确的界限，一般所称的太空（或称外太空）是指距离地球表面大约100千米以外的范围。

太空中的资源回收

宇航员虽然离开了地球表面，但是维持生命的基本条件，例如空气与水仍是缺一不可。由于载人航天器中无法储存大量的水与空气，因此如何将宇航员所呼出的空气与排出或使用过的水加以净化回收使用，便成了一项重要的技术。例如将太空舱空气中的二氧化碳含量去除至人体可以接受的范围，而宇航员的尿液也可加以重新净化使用，一点都不可浪费。这些资源回收的技术不仅可用在太空中，对于资源日益缺乏的地球，也将显得愈来愈重要。

太空的环境

太空中几乎没有气体，处于真空状态，如果距离其他星球有相当距离，则不受引力影响而呈现失重的状态。在地球表面因为有大气层过滤或吸收有害的光线（例如紫外线），所以能避免受太阳光直接照射所产生的伤害。在没有任何屏蔽的太空中，许多的射线、电磁波都直接照射在物体表面上。此外，太阳光直接照射时的温度可高达120℃，但在没有太阳光照射时的温度又会降到-100℃，因此太空中的环境是处于极端的严酷状况，不论是宇航员、人造卫星、太空望远镜还是载人航天器，在设计与制造过程中都必须考虑到太空环境的极端状况，才能确保人员与仪器设备的安全，使任务顺利完成。

在南极与北极才能见到的极光，是发生在热层的自然现象。这是航天飞机发现者号所观测到的南极极光。（图片提供/达志影像）

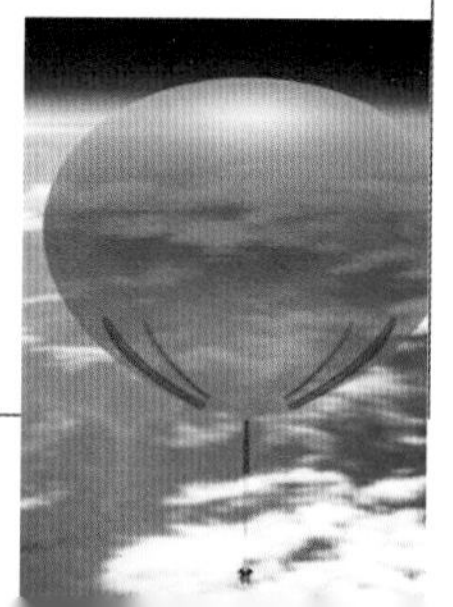

高空气球是探索大气层的工具，但有高度限制。图为2名英国人所制造的高空气球Qinetiq 1，计划飞到平流层进行观测，但因气球破裂而失败。（图片提供/达志影像）

(中国早期火箭，图片提供/NASA)

单元3

火箭

古代火箭被使用在烟火与军事用途上，最早可追溯到1213年，中国的南宋在开封战役中以火箭击退蒙古大军。直到现代的火箭发明后，太空发展才有飞跃的进步。

火箭的发展

1926年3月16日，美国科学家戈达德设计制造出世界第一枚液态火箭，并成功发射至12.5米高的空中，也揭开太空时代的序幕。现代火箭的另一个起点，是1942年德国科学家冯·布劳恩制造的V-2火箭，也是液态火箭，射程达300千米。在第二次世界大战期间，德国以V-2火箭攻击英、法等国，造成相当大的破坏。第二次世界大战结束后，德国战败，美国与前苏联掳获大量的V-2火箭及科学家，并各自在德国科学家指导下使用V-2火箭零件来组装火箭并试射，奠定了日后两国在导弹技术与太空发展上的基础。例如美国在1946年，将一枚V-2火箭发射到数百千米的高空，借此观测太阳的紫外线，这也是V-2火箭首度应用在太空研究上。

戈达德（左）被誉为火箭之父，图为第一枚液态火箭。冯·布劳恩（右）奠定了现代火箭的基础，他身后是土星5号火箭的引擎。（图片提供/NASA）

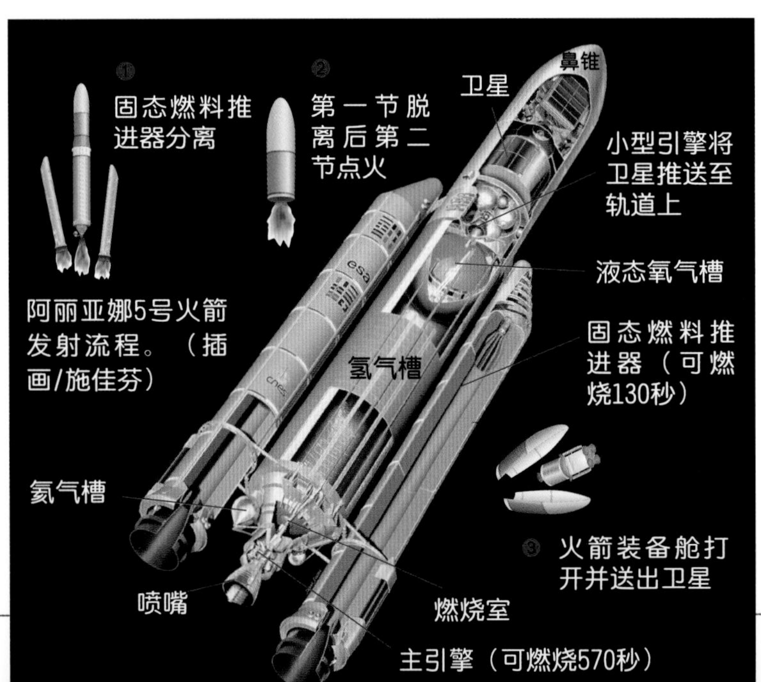

阿丽亚娜5号火箭发射流程。（插画/施佳芬）

阿丽亚娜、土星5号等大型火箭，采用多节式的构造，也就是在不同高度与速度下分别点燃，当燃烧完毕后就抛弃该节结构，再点燃下一节继续燃烧。被抛弃的火箭段掉落海面，或与大气高速摩擦而烧毁。图为阿丽亚娜5号结构图。（图片提供/达志影像）

火箭的种类与结构

目前发展技术成熟且具实用性的火箭为化学火箭，依燃料状态可分为固态与液态，离子火箭与核能火箭仍在研究阶段。

固态燃料火箭设计较简单，将燃料与氧化剂混合后制成固态状，具有燃料性质稳定、发射前准备时间短、储存环境要求较低且储存期长、燃烧速度稳定可保持一定推力等特性，但是点燃后便无法中断，适用于单次发射载具，例如各式导弹与航天飞机的火箭助推器等。

液态燃料火箭设计较复杂，具有控制机构、节流阀门、喷嘴等构造，燃料与氧化剂分开储存，燃料性质较不稳定且发射前准备时间长，储存环境要求高。优点是燃烧热能高，所以推力大，远程洲际弹道导弹以及航天器使用的火箭多属于此类；另一优点是可分段燃烧，所以航天器或人造卫星上用来修正位置的火箭，也是液态燃料火箭。

火箭必须在火箭发射场进行发射，图为美国肯尼迪航天中心的C39A发射台。（图片提供/NASA）。

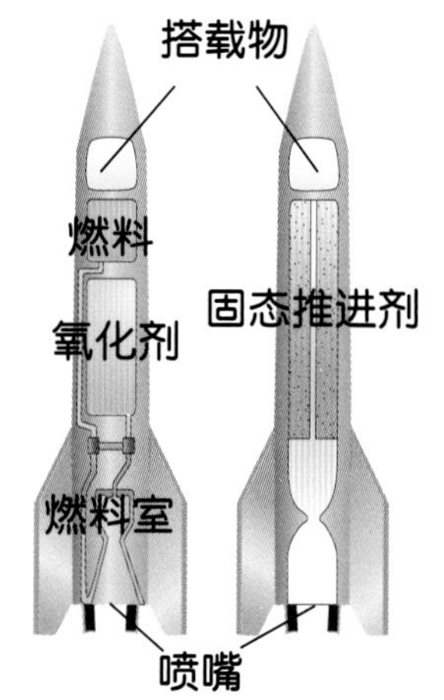

现代火箭因燃料不同可分为液态火箭（左）和固态火箭（右）。（插画/施佳芬）

动手做火箭筒

看着火箭直冲云霄是不是很羡慕呢？我们也可以自己做火箭喔！准备材料有纸卷、软木塞、竹筷子、剪刀、纸板、色纸、英文字贴纸、打洞器、胶水、颜料（红色、黑色）、水彩笔。（制作/杨雅婷）

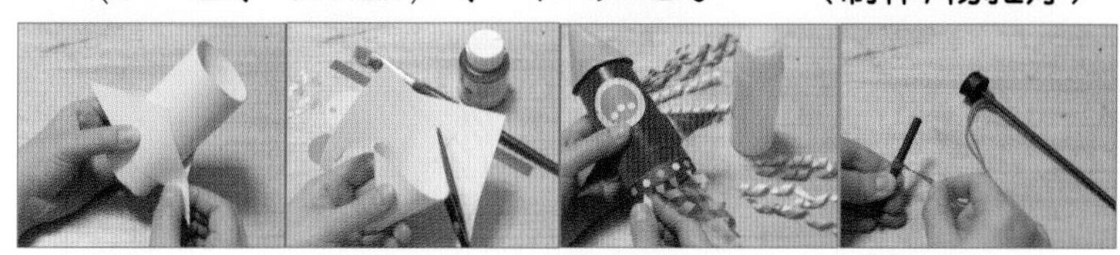

1. 取一段长约12厘米的纸卷，在前后各贴上一张等腰三角形纸板。
2. 将长方形纸板卷成锥状，再用剪刀将边缘剪齐，并粘牢固定在纸卷上。
3. 把火箭涂上红色颜料，并以小纸片与贴纸加以点缀；将色纸条卷绕成螺旋状，贴在火箭筒的圆柱上，增加速度感。
4. 将竹筷子插入软木塞中间点固定，涂上黑色颜料；并将橡皮筋缠绕在竹筷子上端，在橡皮筋的另一头也绑上竹筷。拉动橡皮筋，便能将火箭射出去。

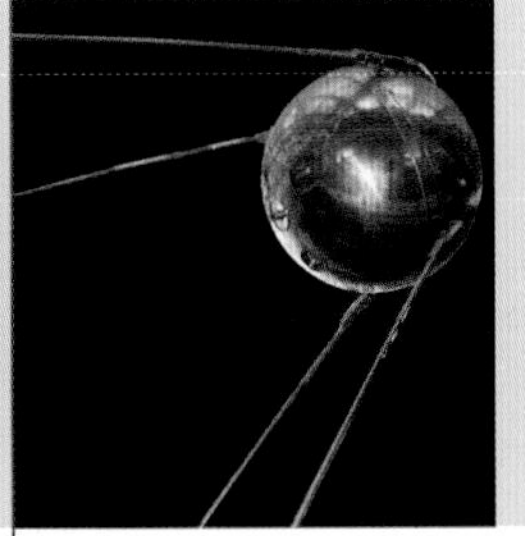

单元4

人造卫星

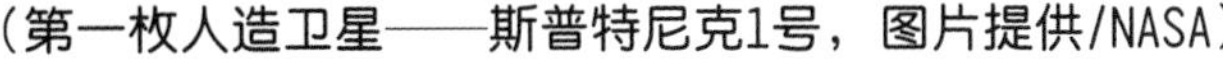

（第一枚人造卫星——斯普特尼克1号，图片提供/NASA）

根据天文学的定义，环绕行星运转的星球就是卫星，而人造卫星就是由人类制造的太空载具，绕地球或其他星球运转，以进行各种观测与研究。

人造卫星的原理

人造卫星运行的原理就是力学上的力平衡关系，当物体作圆周运动时会产生离心力，旋转速度愈大则离心力愈强。当离心力与地心引力平衡时，物体就可环绕地球不停地运转，人造卫星正是借此保持在轨道上运行而不掉落。人造卫星的动力来源有太阳能发电或核能，当卫星要改变姿势或调整轨道时，则以卫星的推进器来完成。人造卫星的寿命因任务的不同而有长短，除了因为本身的动力耗尽而结束寿命外，地球磁场、太阳风或其他宇宙射线等外在影响，也会使卫星受损。一旦寿命终了，卫星就变成太空垃圾，持续在轨道上运行，直到轨道高度因各种阻力影响而逐渐降低，最后掉落地面、海面或在大气层中焚毁，有的卫星则利用剩余燃料，加速降低轨道高度并控制降落在无人海域。

人造卫星因任务不同而采用不同的绕行轨道。（插画/施佳芬）

高度椭圆轨道

绕极轨道

同步轨道

地球自转方向

低轨道

美国的气象卫星GOES-N，从地面装配到由三角洲火箭运载升空的过程，以及GOES-9气象卫星在2007年所拍摄的超级飓风菲利克斯。

（GOES-N组装到发射/NASA；GOES-N模拟图与飓风/NOAA）

通信卫星能即时传播影像，图中是披头士乐队中的麦卡尼正在演唱，国际空间站上的宇航员也能同步观赏。（图片提供/达志影像）

一般常用的卫星导航系统，必须依赖导航卫星提供正确的信号，才能找到想要去的地方。（图片提供/维基百科，摄影/Guyver8400）

人造卫星的功用

人造卫星依用途可分为科学、通信、军事、气象、地球资源与导航卫星，依照运行的轨道高度，则可分成低轨道（地表—2,000千米）、中轨道(2,000—35,786千米）与高轨道卫星（又称同步轨道，35,786千米以上）。

在日常生活中，人们几乎离不开卫星所提供的服务：例如气象卫星所拍摄的卫星云图，可作为天气预报的重要资料；人们欣赏的电视节目或是实况转播的球赛，可能就是通过卫星传送来自外地的现场画面；还有安装在车上、飞机或船上的卫星导航，是接收来自太空中导航卫星的信号。甚至在无人的荒岛或是深山，你也可以用卫星电话跟外地的亲友通话，这些便利生活可都是来自人造卫星的服务。

左图是模拟位于低轨道的地球观测卫星Landsat7，正从空中进行对地面的遥测。右图则是Landsat7所拍摄的夏威夷岛，中间呈深绿色叶状的便是火山口。（Landsat7/NASA，夏威夷卫星影像/NOAA）

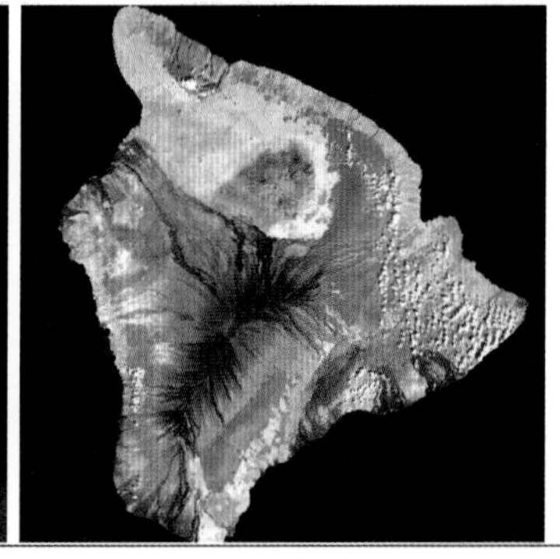

卫星的发射

卫星除了以传统的火箭发射外，近年来出于经济考量，也尝试过用飞机运载小型火箭，或是磁悬浮轨道加速等方式，希望能以更简单安全的方式进入太空。此外，发射地点的选择也相当重要，通常会选在赤道附近，这是因为地球自转的关系，在赤道地面有最大切线速度。当火箭在赤道附近向东方发射时，升空后的切线速度可达每秒488米，这可以节省发射时所需的燃料。欧洲航天局便选在南美洲赤道附近的圭亚那成立发射中心，在此发射阿丽亚娜等承载大型卫星的火箭，可以省下一笔可观的成本。

单元5

宇航员

（第一位太空行走的宇航员列昂诺夫的纪念邮票，图片提供/维基百科）

凡是经过训练能驾驶航天器或是在太空飞行中执行任务的人，都被称为宇航员。目前对宇航员的资格并未统一，在美国只要飞行高度超过80千米便是，国际航空运动联合会则认为高度必须超过100千米才是宇航员。

呕吐彗星号是NASA飞行实验室的别称，可让人真实体验无重力的感觉。（图片提供/维基百科，摄影/jurvetson）

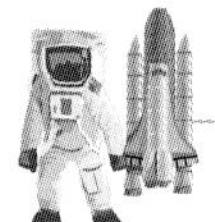

宇航员的资格与训练

你想当一名宇航员吗？除了必须身体健康外，心理状态与压力调适也相当重要，在私人太空旅行尚未成熟与普及前，目前大多只有科学家或飞行员才能上太空。由于太空任务具有相当高的危险性，在执行任务时不容许有丝毫的错误发生，因此宇航员的训练相当严格，除了上课外，还要在模拟器中进行训练。宇航员为了适应无重力状况，会搭乘大型飞机，采用抛物线的飞行方式，从而使机舱内产生20—30秒的无重力状况，让他们能实际模拟零重力。另外，还要穿着航天服在大型水池内，模拟太空行走或执行任务。由于宇航员必须驾驶航天器，因此也要学会驾驶喷气机，熟悉各种仪器的操控，并发挥团队合作精神，以顺利完成艰巨的太空任务。

太空中不但温差大，而且会受到辐射的侵害，所以宇航员必须穿上特制的航天服，才能维持生命并保护安全。（插画/吴昭季）

宇航员的装备

为了能在太空环境下生存，宇航员在出发或返回，以及进行舱外活动时，都必须穿着航天服。航天服就像是一个包覆着人体的密封胶囊，内外可达20层以上，包括头盔、手套、靴子与压力服。航天服的维生系统，让人体可以保持在一定气压与温度的环境下维持生命。由于太空中有许多宇宙射线，航天服必须具有隔离射线的功能；为了避免强烈的太阳光伤害宇航员视力，所以头盔也有可过滤光线的面罩。此外，与其他组员间沟通的通信装备当然必不可少！当宇航员要进行太空行走时，要如何移动身体或改变方向呢？早期的宇航员使用空气喷枪，后来则演变成背负式的氮气推进装备，这些装备加在一起大约超过100千克，不过在太空中并无重力，所以宇航员就没有重量负担的感觉了。

呕吐彗星号利用飞行技巧（抛物线路径），产生25—30秒的无重力状态。（插画/施佳芬）

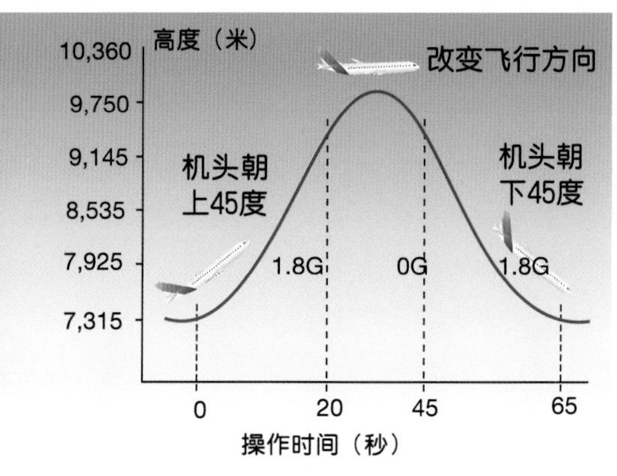

宇航员的任务

在载人航天器内没有重力，所以在舱内工作时都要抓住套绳，各种仪器也都要固定好，以免四处乱飞。（图片提供/NASA）

每次太空任务的执行，都有许多工作，因此宇航员各有自己的职责与工作。从航天器的发射升空到重返大气层降落，是由正副驾驶操作航天器，其余的组员则控制航天器内导航、通信、维生等系统，以及外在环境的侦测与监控。任务进行中，另有专门的科学家，负责进行科学实验；如果航天飞机要进行卫星施放、回收或是修理，还必须有人操作机械手臂，或是进行太空行走步来完成工作。这些在地球表面上看似轻松简单的工作与动作，事实上在太空环境中难度大增，所以宇航员必须反复模拟演练，以确保任务能安全顺利地完成。

宇航员会在水中模拟太空中失重的作业环境，图为宇航员模拟维修哈勃太空望远镜的情形。（图片提供/达志影像）

单元6

航天器

（第一架航天飞机哥伦比亚号发射，图片提供/NASA）

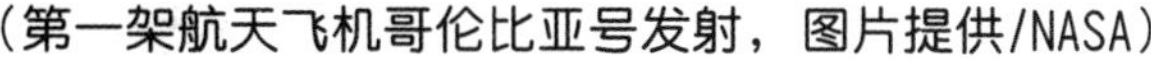

载人航天器是人类进入太空的工具，以火箭作为动力来源是最普及与成熟的方式，但是传统构造的航天器在负载上有所限制，必须发展出新型的航天器，以因应不同性质的太空任务。

美国是目前唯一拥有及使用航天飞机的国家，图中是亚特兰蒂斯号准备送往发射台，工作人员正在进行最后检查。（图片提供/NASA）

航天飞机

航天飞机是一种利用火箭推动进入太空，可载人与运货并能重复使用的航天器。第一架执行太空任务的航天飞机是美国哥伦比亚号，它在1981年4月12日载着2位宇航员升空，飞行2天6小时20分钟，共绕行地球36圈后返回地球。前苏联也曾发展过航天飞机，暴风雪号在1988年11月15日以无人驾驶方式发射升空，绕行地球2圈后返回地球，但之后因经费问题遭到搁置而终止。

航天飞机发射升空时挂载在一具大型液态燃料箱上，旁边有两具固态燃料火箭以增加推力，航天飞机本身的推进器只在升空与太空中改变姿势及位置时启动，降落时则采用无动力滑翔方式。航天飞机返回地球时，在大气层会因摩擦而产生300—1,500℃的高温，为避免因高热而烧毁，航天飞机底部还装有许多隔热砖。

美国挑战者号航天飞机载着可重复使用的太空实验室，在太空中进行生物与物理实验。（图片提供/达志影像）

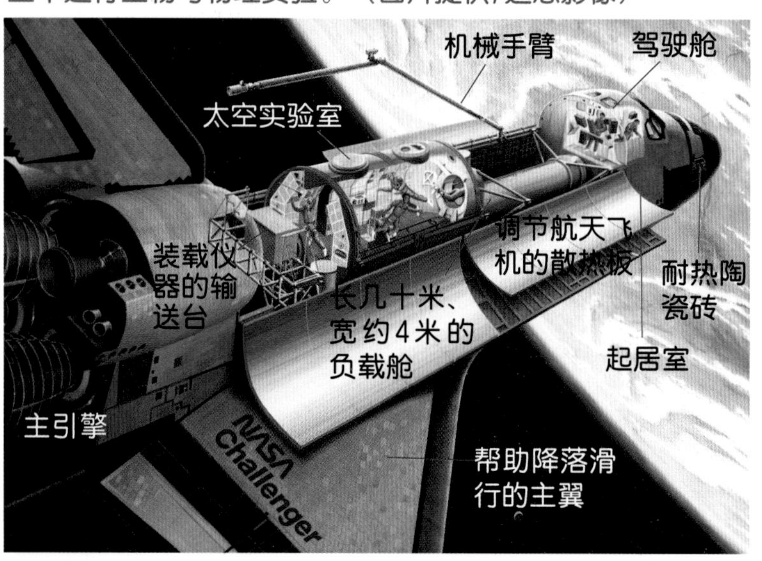

航天飞机发射流程。（插画/施佳芬）

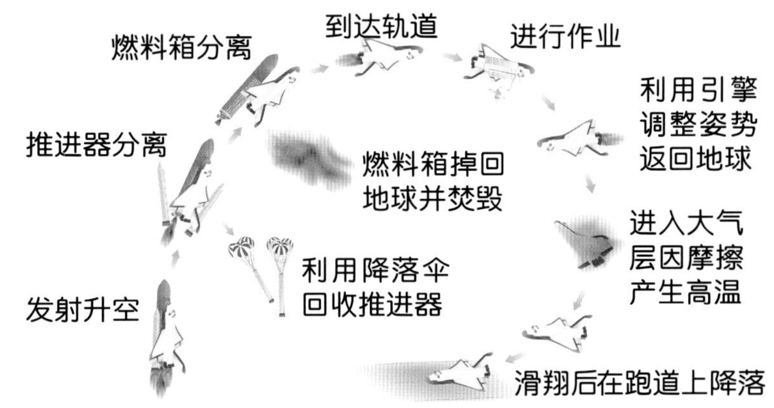

航天飞机失事事件

航天发展有很高的风险，例如1986年1月28日，美国航天飞机挑战者号的液态燃料箱密封环因天气冷而失效，导致燃料外泄，结果航天飞机在升空后73秒便爆炸坠毁，7名宇航员不幸罹难。2003年2月1日，航天飞机哥伦比亚号在重返大气层途中爆炸，造成7名宇航员丧生，这是因为外部油箱上的一块隔热泡沫在航天飞机升空后不久脱落，并击中航天飞机左翼，使机体下方的隔热砖剥落，以致航天飞机在返回地球途中承受不了高温而烧毁失事。从这两起事件可知，即使是小小的零件，在太空任务中都可能造成极可怕的灾难。

2003年哥伦比亚号失事后，研究人员将残骸重组，希望找出失事原因。（图片提供/NASA）

新一代载人航天器

航天飞机无法自己在两地之间飞行，所以必须依赖改装过的波音747飞机来运送。（图片提供/NASA）

为了让发射程序更简单安全，新一代可重复使用的载人航天器正在研发中，例如可以在大气与太空中像飞机般飞行的空天飞机。由于太空中没有氧气可作为燃烧推进用，因此空天飞机的发动机必须采用喷气发动机与火箭发动机相结合的方式，这种发动机目前仍在研发中。另外，科学家还尝试利用大型飞机挂载，然后在高空中发射，以节省燃料，目前已有小型低负载的火箭试过。此外，利用磁悬浮轨道加速来发射载人航天器的计划也在进行，这种发射方式的摩擦损耗相当低，因此只需要携带少量燃料，大部分的空间可供人员、设备与货物使用。这样不仅有更高的经济效益，也降低了发射时燃料爆炸的风险。

NASA研发的X-33是新的空天飞机原型之一，楔形的机体有助于飞行，可垂直起飞并以滑翔方式降落。（图片提供/NASA）

单元7

登陆月球

（奥尔德林利用鞋印来测量月球风化程度，图片提供/NASA）

月球一直是人类充满想像与憧憬的地方，早期一连串的美苏太空竞赛也是以登陆月球作为胜利的标志。

飞向月球

为了登上月球，美、苏两国进行许多月球探勘计划，从1959年开始，前苏联的月球1号到月球17号，分别达成在距月球6,000千米处飞过、撞击月球、传回第一批月球背面照片、降落月球、绕月球飞行、着陆搜集月球标本并带回地球，以及放置月球车等任务。美国也不甘示弱，1961年肯尼迪总统宣布10年内载人登陆月球，之后展开一连串水星计划与双子星计划，进行载人飞船与航天器的对接任务，为登月任务做准备。阿波罗登月计划开始于1967年，其中阿波罗1号因太空指令舱起火爆炸，宇航员罹难；阿波罗11号是人类首次登上月球；阿波罗13号在飞月途中发生意外折返，最后仍安全返抵地球；从阿波罗14号以后则进行了一连串月球漫步、驾驶月球车与采集月球岩石。但1972年阿波罗17号登月计划结束后，人类再也没有踏上月球。

阿波罗13号的服务舱因氧气罐爆炸，宇航员便将登月艇当成救生舱而安全重返地球。图为地面人员捞起海中的阿波罗13号。（图片提供/NASA）

美国在阿波罗计划中实现人类登陆月球的梦想，左图是阿姆斯特朗登陆月球的纪念邮票。图中是阿波罗17号在任务中，塞尔南驾驶月球车进行探测，并搜集月球岩石标本。（图片提供/维基百科）

第一次登陆月球

1969年7月16日，土星5号火箭载着阿波罗11号进入太空，在抵达月球轨道后，宇航员科林斯留守在指挥服务舱内绕着月球轨道飞行，阿姆斯特朗与奥尔德林则搭乘登月艇鹰号，在月球表面的宁静海登陆。阿姆斯特朗首先踏上月球表面，并说出："这是我的一小步，却是人类的一大步。"随后奥尔德林也登上月球，进行钻取地质样本、拍照与搜集月球岩石等工作，最后宇航员将科学仪器、一面登月纪念牌与一面美国国旗留在月球表面，然后搭乘登月艇与在轨道上的指挥服务舱会合，安全重返地球，成功完成了人类历史上第一次的登月任务。

全球观众通过电视转播，看到人类登陆月球这历史性的一刻。图为奥尔德林站在登月艇鹰号之前。（图片提供/NASA）

各国的登月计划

美国近几年也开始重启探月计划。图为新一代的登月艇"Altair"模拟图。（图片提供/NASA）

阿波罗计划之后，美、苏两国开始探索其他行星，也使这股探月热潮暂时冷却下来。20世纪90年代末期，人类又开始对探测月球产生兴趣，除了美国在1994年发射克莱门汀号（用来描绘月球表面地图），1998年发射月球勘探者号。

另外，欧洲航天局在2003年发射SMART-1号，利用X射线与红外线来绘制月球地图。日本则在2003年发射月球-A，2007年发射探月卫星夜辉姬号。中国也在2003年启动探月计划——嫦娥工程，并在2007年10月发射探月卫星嫦娥1号，2010年发射嫦娥2号，2013年发射嫦娥3号并在月球表面成功登陆。中、日等亚洲国家都先利用卫星探测，并拟派宇航员或机器人登陆月球，并建立供人居住的月球基地，希望能揭开月球更多的神秘面纱。

中国在探月计划上奋起直追，这是嫦娥1号探测月球表面的模拟图。（图片提供/达志影像）

(水手4号，图片提供/NASA)

单元8

火星探测

火星在早期人们的想象中，常被描述成为有火星人生存的星球。火星一直蒙上一层神秘的面纱，直到水手4号接近火星后，人们才开始慢慢了解这颗火红的星球。

火星探测任务

1964年11月28日，美国的水手4号在经过228天的航程后，接近并掠过火星，同时传回22张火星近距离的地面影像，这是人类首度近距离观察火星。1971年水手9号成为第一枚火星的人造卫星，1976年海盗1号与2号相继登陆火星，搜集火星大气及岩石来进行分析，发现火星表面像月球般荒凉，地表有火山、峡谷及陨石坑洞等，但尚未找到生物生存的迹象。之后，美苏两国都曾陆续发射火星探测卫星却都失败，直到美国1996年、1997年分别发射火星环球探测者号与火星探路者号才展开新契机。这些航天器主要是调查火星表面的地质、土壤与岩石，并以气象侦测仪器来搜集火星地表的气象变化数据；在降落登陆火星的过程中也测量火星的大气结构，以分析气温、气压与高度变化的关系。

美国在2007年8月发射的凤凰号探测器，在2008年5月抵达火星北极平原，从事土壤成分和水与冰的历史研究，并监测极地区的气候。凤凰号在完成5个多月的探测任务后，于同年11月进入休眠状态。

火星探测车是科学家探索火星的重要工具，前为第一代的旅居者号，后面则是现役的勇气号。(图片提供/NASA)

火星探测车抵达火星时，利用气球包覆的方式登陆，以减少落地时的冲击。图为旅居者号登陆的流程图。(图片提供/NASA)

火星上有生物吗

火星生物是否存在，是科学家们极力想找寻的答案。研究显示，火星的北极含有水冰，使得生物存在的可能性大为增加。另外，人们也观测到火星上有些类似人类的影像或人造物的痕迹。最早是1877年意大利天文学家用望远镜观测到火星表面有许多线条状，曾被怀疑是人工运河；1976年NASA在火星表面拍摄到一张像是人脸遥望太空的照片，2008年勇气号则拍到疑似人形物体坐在岩石上。虽然有的已被证实和火星生物无关，但每一次的新发现总引起人们热烈讨论，显示出火星对人类的吸引力。

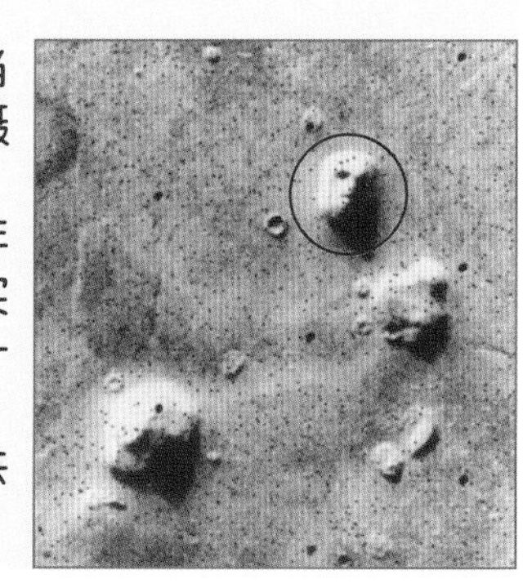
红圈处是当年NASA拍摄到的人脸，但2006年被ESA证实那只是一块沙丘。（图片提供/NASA）

火星探测车

机遇号在2005年时陷入沙丘中，地球上的人员利用模拟测试等方式，才将它遥控脱困。（图片提供/NASA）

火星的环境并不像地球般温和，日夜温差大而且冰冷干燥，并常有大规模的沙尘暴发生，所以科学家便设计出火星探测车来进行火星探测。第一辆探测车是火星探路者号上的旅居者号，它在1997年7月4日登陆火星，在3个月内传回1万多张照片及许多数据。由于旅居者号车体较小，所能进行的观测有限，于是美国在2004年将勇气号与机遇号送抵火星。主要任务是探索火星上是否有水和生物，不过火星表面崎岖，火星探测车的进度很缓慢，例如旅居者号在3个月内只移动100米，但勇气号与机遇号在同时间内则移动约1千米。截至2010年为止，勇气号因为陷入沙地无法前进，变成静止观测平台；机遇号则在继续正常的运作。

在2011年发射并在2012年抵达的火星科学实验室（MSL），是新一代的火星探测车，大小是勇气号与机遇号的2倍，携带了更多的实验仪器，探测更广的区域。（图片提供/NASA）

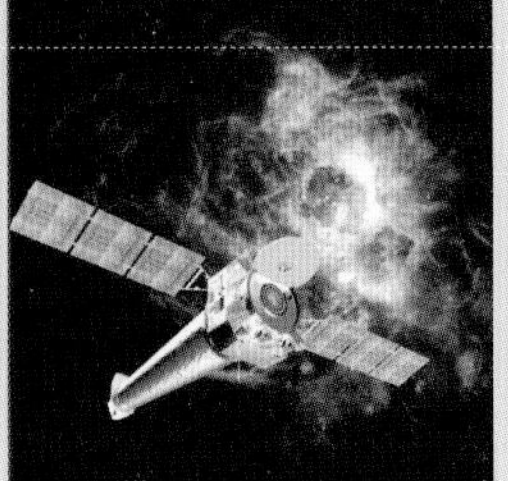

单元9

深太空的探索

（钱德拉X射线天文台，图片提供/NASA）

人类最初只能以望远镜来观察天文星象，不过因为地球大气层中空气流动、云雾、光害、光线能量被吸收或折反射等影响，观察深太空时受到相当的限制，能脱离地球大气层，在太空观测的太空望远镜便应运而生。

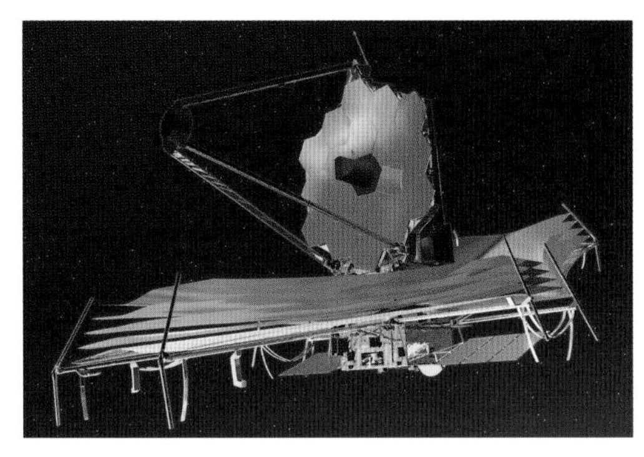

由NASA和ESA共同筹备的韦伯太空望远镜（JWST），预计2018年升空，接替哈勃太空望远镜。（图片提供/NASA）

太空望远镜

在太空望远镜发展之前，天文学家已经利用飞机或热气球到高空中进行天文观测了。随着太空科技的发展，以火箭或是航天飞机将太空望远镜载运放置于地球轨道上的技术也日趋成熟稳定。例如1990年发射的哈勃太空望远镜，便是天文史上相当重要的观测仪器。不过刚开始却因镜面问题造成聚焦失常，以致影像模糊，但NASA在1993年派宇航员进行修复后已恢复应有水准。在将来它将由韦伯太空望远镜取代。

太空中有许多不同的波段，除了可见光波段之外，1991年发射升空的康普顿γ射线观测站，便是观测宇宙中的γ射线。它在2000年退役后，由新一代大面积γ射线太空望远镜接手。1997年发射升空的钱德拉X射线太空望远镜，用来观测宇宙中超新星爆炸与黑洞所发射的X射线。2003年发射的斯皮策太空望远镜，则是用来侦测红外光波段，例如新行星与恒星中心。

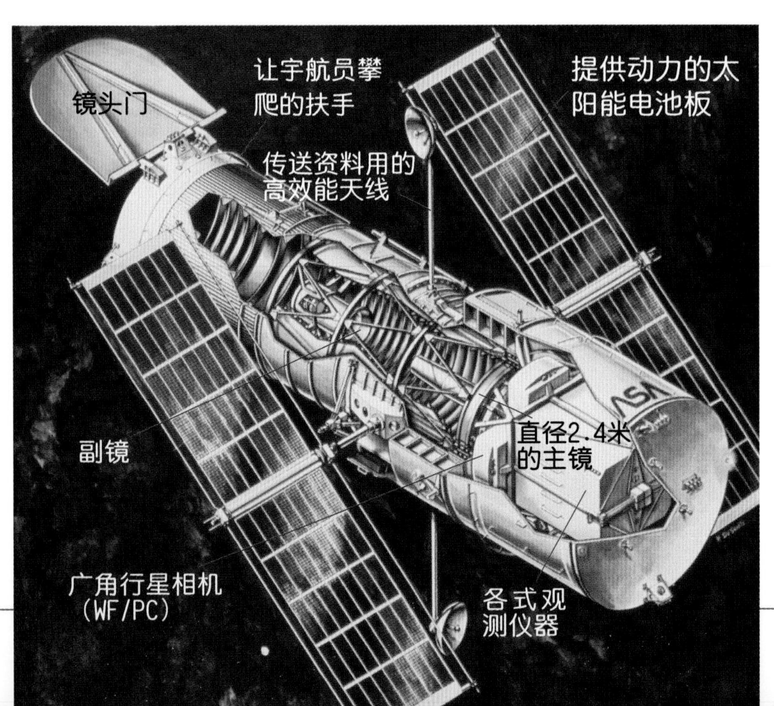

哈勃太空望远镜位于地球的低轨道之上，可以避开大气层的干扰，进行更准确的探测。（图片提供/达志影像）

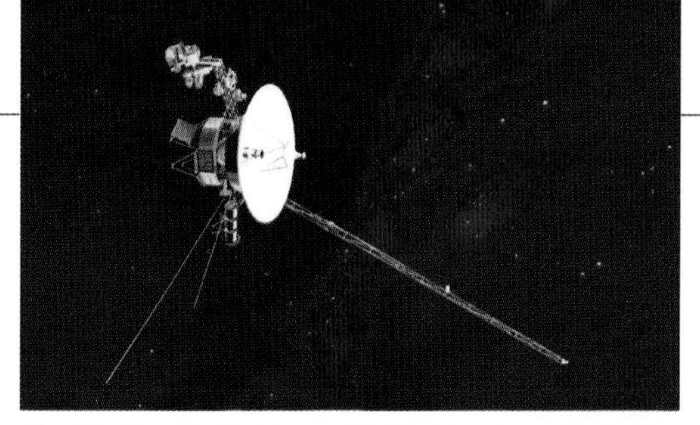
旅行者2号是第一艘造访天王星和海王星的航天器，目前仍在太阳系的边界，进行终端震波的研究。（图片提供/NASA）

空间探测器

空间探测器也是人类探索太空的利器。在太阳系的探索上，1959年前苏联的月球1号首度绕月飞行，开启探月计划；1962年美国水手2号飞越金星，水手4号在1965年飞越火星，1973年先驱者10号飞越木星，1974年水手10号飞越水星，1975年前苏联的金星9号着陆金星表面，同年美国海盗1号登陆火星等等。

图为1992年，旅行者号与先驱者号等探测器的位置，它们目前仍在继续前进中。（图片提供/NASA）

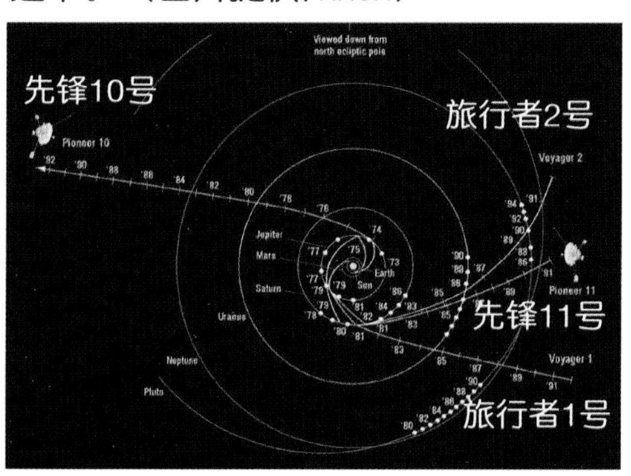

向外星生物说“Hellow”

人类在探索太空之际，也很想知道到底有没有其他“生物”存在？所以外星人、UFO等传闻常出现在媒体报导中，也一直是人类所关心的课题。为此，科学家便利用航天器携带来自地球的信息，例如在先驱者10号上刻有地球信息图的金属板，在旅行者1号上则放置铜型唱片“地球之音”与照片，唱片里有60种不同国家的问候语与音乐，以及自然界与动物的声音。另外，位于波多黎各的阿雷西博天文台，则利用望远镜向距离地球25,000光年的球状星团N13发射阿雷西博信息，介绍人类以及地球。

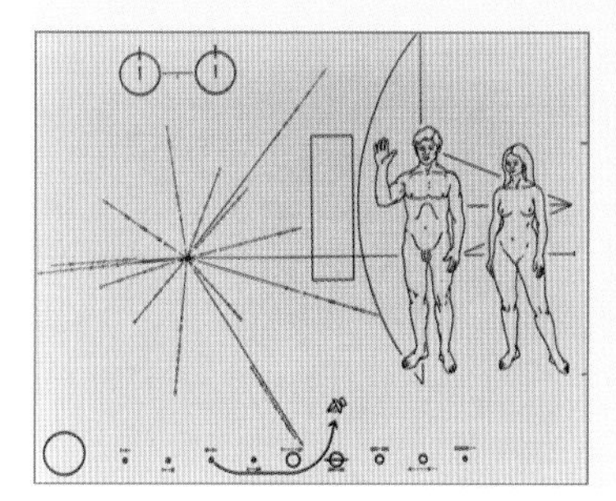
地球信息图是来自地球的自我介绍，上刻有一名男性和女性图像，以及地球与太阳在银河系中的位置。（图片提供/NASA）

有的空间探测器在探测太阳系后，继续朝太阳系之外飞去，例如先驱者10号在1983年飞越海王星；1977年发射的旅行者1号和旅行者2号飞得更远，前者在1979年飞越木星、翌年飞越土星；旅行者2号则在1986年飞越天王星，1989年飞越海王星。目前旅行者1号、2号都已离开太阳系且继续飞行，成为离地球最远的空间探测器。另外，空间探测器也对太阳与彗星进行探测，例如美国在1962年发射的OSO1号，用来观测太阳；欧洲航天局发射的乔托号于1986年飞进哈雷彗星核，希望获取更多彗星资讯。

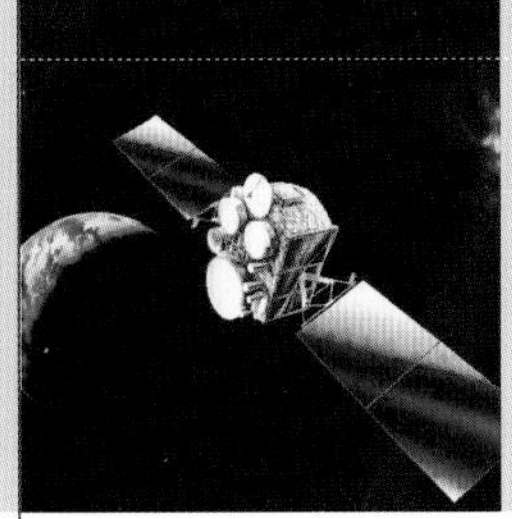

单元10

太空武器

（美国国防通信卫星DSCS III，图片提供/NASA）

太空中的卫星可以观测到地球上的每一个角落，甚至可以从太空中发动攻击。所以不管是为了从太空中进行侦察，还是取得制“空”权，太空武器的发展都成了世界霸权进行新的军备竞赛的重要内容。

军事卫星

军事卫星在军事用途上有侦察、攻击、防御与通信之分。军事卫星在信息的获得与传送上，都要比商业用卫星来得更严密。侦察卫星用来对地面的地形、建筑物、车辆、人员进行侦察，当然从地面发射的导弹也逃不过这些太空中的“天眼”，通过追踪与计算，便可以先期预警，用导弹加以摧毁。另外，它还可拦截通信的信号，以此推测地面的动态。攻击卫星利用架设于卫星上的高能量激光，照射敌方卫星或弹道导弹，使卫星失效，或在弹道导弹未释放出弹头前就加以摧毁。有些攻击卫星平时在轨道上绕着地球运转，当侦察到有弹道导弹发射时，便以本身动力撞击导弹并摧毁。由于卫星在高空

军事卫星可提供即时高分辨率的卫星影像，作为判断敌情或搜集情报的利器。图为美军正在报告伊拉克的卫星影像。（图片提供/达志影像）

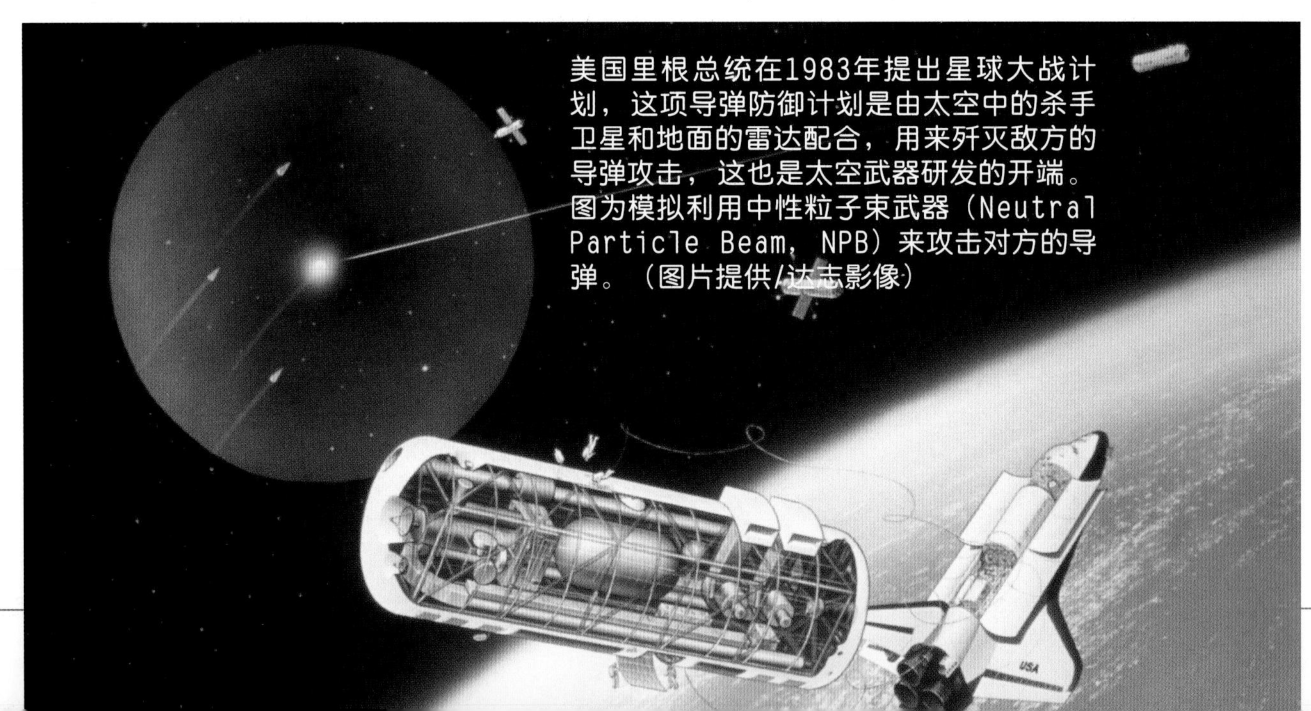

美国里根总统在1983年提出星球大战计划，这项导弹防御计划是由太空中的杀手卫星和地面的雷达配合，用来歼灭敌方的导弹攻击，这也是太空武器研发的开端。图为模拟利用中性粒子束武器（Neutral Particle Beam，NPB）来攻击对方的导弹。（图片提供/达志影像）

导航卫星能提供战场最新的地图，让军队更准确地行动。图中的士兵正利用GPS来判断方位。（图片提供/达志影像）

中，因此地表上能收到卫星所发送的信号，同时经过编码的军事通信信号或是数据资料，也能从地面发送，经卫星传送到世界各地。这种即时命令的下达与现场情报的接收，对瞬息万变的战场相当重要。

弹道导弹与其他反卫星武器

为了防止卫星的攻击或侦测，弹道导弹或激光等反卫星武器也同步发展。洲际弹道导弹除了攻击其他地面据点，也可以用来攻击卫星。它的结构为弹头与多节火箭，当弹头经由火箭推送至距离地面约100千米的高空时，便由释放模组分别投射至目标区，摧毁卫星。此外，还可以从地面或高空中发射导弹来摧毁卫星。例如中国在2007年便从地面发射中程导弹，成功摧毁了在轨道上的废弃卫星；而美国则在2008年以宙斯盾级巡洋舰发射标准三型对空导弹，成功击毁失控卫星。除了弹道导弹，目前也正发展激光武器，这是在地面或飞机上架设激光设备，以激光的高能量来烧毁卫星。

激光

激光(Laser)又名雷射。世界上第一部激光器是1960年由美国科学家梅曼所发明的红宝石激光器。激光的种类很多，有气体激光、固体激光、半导体激光与液体激光等，已经广泛运用在生活、医学、科学研究、军事等领域。在军事上，激光能以高能量来烧毁卫星或导弹，或是锁定目标物，以激光导引武器攻击。激光还可测量目标物的距离，例如宇航员在月球上架设光雷达，借由多棱镜反射地球发射的激光，便能测出两地间的距离。

激光将是太空武器的主力之一，图为激光应用在太空武器上的模拟图。（图片提供/维基百科）

为了反制敌方卫星，美国以F-15搭载ASM-135A反卫星导弹，让导弹以撞击的方式击落卫星。（图片提供/维基百科）

（ESA位于巴黎的总部，图片提供/GFDL）

单元11

国际的太空发展机构

美国与前苏联（俄罗斯）是最先投入太空发展的国家，分别设立NASA与RSA，其他国家也陆续成立类似的太空研究机构，为太空发展奠定了基础。

Baikonur、NASA

位于哈萨克斯坦中南部的拜科努尔（Baikonur）航天中心，成立于1955年，是前苏联（现为俄罗斯）及世界上最早的太空发展机构。此外，许多洲际弹道导弹与火箭的测试与发射，也是在这里进行。如今Baikonur不仅承担俄罗斯联邦航天局RSA的太空任务，还接受其他国家委托，代为发射航天器。

美国国家航空航天局NASA成立于1958年，是为了应对与超越前苏联的太空科技而成立，主要负责美国航空及太空的研究发展，人类登月计划便是NASA的代表作之一。至今，NASA仍是世界太空发展的先驱与领导者。

Baikonur拥有发射第一颗人造卫星，将第一位宇航员、女宇航员送上太空等许多世界第一的纪录。图为联盟号航天器正运送至发射台。（图片提供/NASA）

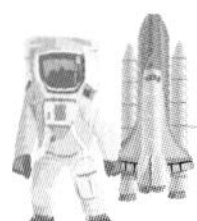

ESA、CNSA、JAXA

成立于1975年的欧洲航天局ESA，由14个欧洲国家组成，著名的哈勃太空望远镜，就是由ESA与NASA共同合作的项目。ESA将在2015年进行达尔文计划，预计要组合

位于佛罗里达州的肯尼迪航天中心，是NASA的核心单位，航天器的测试、准备与发射任务都在此地。图中是指挥中心正在监控亚特兰蒂斯号降落。（图片提供/达志影像）

如何将航天器送进太空

将航天器送上太空每个太空机构的重要任务。以NASA发射航天飞机为例，首先航天飞机在39号发射中心内，以机鼻朝上、发动机在下的姿势，直立在液态燃料槽上；然后以超大型履带平台车，慢慢将航天飞机运送至发射场，在发射架上填充液态燃料，宇航员也进入驾驶舱，进行发射前准备。这时地面控制中心除了监控航天飞机状态，也随时掌握当地的气象信息，在一切都安全无误的情况下，完成倒数计时发射升空。升空过程中，两侧的固态燃料火箭与液态燃料槽先后被抛弃，航天飞机依计划进入轨道后，才算完成整个发射作业。

航天飞机离开39号发射中心，正被平台车运送至发射场。（图片提供/NASA）

日本JAXA的发射中心位于种子岛，这里也成为观光新据点。（图片提供/达志影像）

3架太空望远镜，进行深太空的观测搜寻任务。

中国国家航天局CNSA成立于1993年，目前拥有太原、西昌、酒泉等发射中心。近年来的任务包括2003年首次发射载人飞船神舟5号；2005年神舟6号载人飞行115个小时并绕行地球轨道76圈后安全着陆；2008年神舟7号实现宇航员的太空行走；2012年神舟9号与天宫1号实现载人交会对接；2013年神舟10号首次进行太空授课。由此可看出中国在太空发展上的进步与远景规划。

日本宇宙航空开发研究机构JAXA成立于2003年，从事天文研究、火箭、卫星与航天器的发展与发射，近年来重大任务有2005年发射小行星探测船隼号、2007年发射探月卫星夜辉姬号，并展开未来的机器人登月计划等。其他国家和地区的太空机构还有巴西AEB、法国CNES、印度ISRO、以色列ISA、意大利ASI、韩国KARI、瑞士SSC、巴基斯坦SUPARCO等。

中国在太空发展上进步很快，右图为神舟5号在发射前进行准备工作。（图片提供/达志影像）

单元12

太空竞赛

（以能量闪光模拟太空垃圾撞击，图片提供/NASA）

太空发展的目的除了探索与研究天文、宇宙外，更在于炫示就是军事优势与国力，这个现象在冷战时期相当明显，至今，太空仍是各国竞争的领域。

印度在太空发展上起步很早，能自行发射火箭，成立了印度空间研究组织ISRO。图为自行研发的GSLV火箭。（图片提供/达志影像）

科技与国力的竞赛

冷战时期（1945—1990），美国与前苏联在军备、外交甚至太空发展中竞争都很激烈。美、苏两国的太空竞赛从发展火箭开始，然后是人造卫星、宇航员升空、对月球与其他星球的探测、空间站的设立等。所以当一方有新的突破时，另一方便加快研发脚步。例如在1957年前苏联发射第一枚人造卫星斯普特尼克1号后，美国便在4个月后发射探险者1号；前苏联宇航员加加林在1961年4月14日进入太空，美国宇航员谢泼德也在同年5月2日搭乘水星号升空。

冷战已经结束，但是太空发展象征着一个国家在军事、科技上的国力，其中也包含着巨大的商业利益，例如通信、商业电视信号传送等，所以更多国家投入到新一轮的太空竞赛中。目前有能力发射卫星或航天器的国家有美国、俄罗斯、中国、日本、印度、以色列和欧盟国家等。

人造卫星和太空垃圾相撞时，时速可能高达4万千米，所以各国也开始正视这个问题，例如美国哥伦比亚号航天飞机在1984年在太空中放置一个如公共汽车般大小的LDEF，用来研究太空垃圾或其他物质的撞击能力。（图片提供/NASA）

1975年7月17日，美国的阿波罗号（左）和前苏联的联盟19号（右）在太空中对接成功，也象征两国的太空竞赛不再紧张。（图片提供/GFDL，摄影/Toytoy）

太空垃圾

世界各国进行的太空竞赛导致许多废弃损坏的卫星与人造物体在太空轨道上飞行。有的因为各种阻力影响，逐渐降低轨道高度，最后掉落地面或在大气层中焚毁，有的仍留在轨道上，形成了太空垃圾。据统计，地球轨道上大小超过10厘米的物体，已经激增到一万多件，这些太空垃圾的破坏效果就像子弹或导弹一样，会对仍在运作的卫星、空间站与航天器产生严重威胁；卫星碎片在进入大气层的过程中若燃烧不完全，还可能对天空中的航空器或海上的船只造成伤害。目前NASA正呼吁并研究如何清除与减少太空垃圾，例如以航天飞机回收废弃卫星、以激光将垃圾烧毁等。

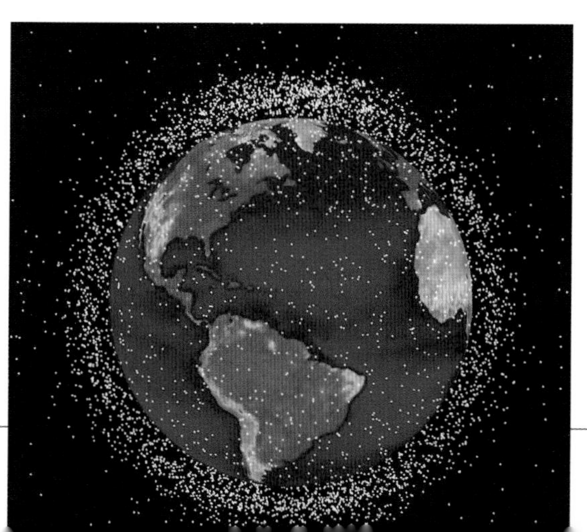

地球低轨道上的太空垃圾模拟图，可以看到情况已经相当严重。（图片提供/NASA）

GPS的竞赛

GPS（全球定位系统）是由美国研发的卫星导航系统，于1994年建设完成，一共有24颗卫星，可提供覆盖地球面积98%的即时定位。不过美国基于军事考虑，在GPS的精确度上有所保留。如果美国基于自身利益，擅自改变了GPS信号与作用，将为世界上其他国家带来困扰。因此其他国家也开始发展自己的GPS系统，例如俄罗斯的GLONASS（预计发射18颗卫星，目前已有17颗）、ESA的伽利略计划（预计将有30颗卫星）、中国的北斗卫星导航（北斗1号仅限于中国，北斗2号则覆盖全球）。由此看来，GPS也是另一种太空竞赛的缩影！

为完成自己的GPS系统，俄罗斯的科学家组装GLONASS卫星。（图片提供/达志影像）

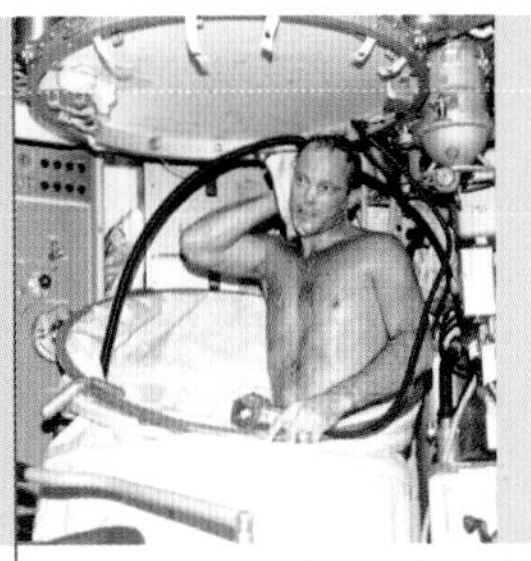

单元13

空间站

（天空实验室内的宇航员在洗澡，图片提供/NASA）

空间站就像在太空中的研究基地一般，可以让宇航员有较多的空间与精密设备来进行实验工作，并可让宇航员长时间滞留在轨道中。未来，空间站也许可以成为各个星球或星际间的转运、补给站。

天空实验室（Skylab）是NASA最早的空间站计划，在1973—1974年，共有3批宇航员到此进行实验。（图片提供/NASA）

构造与用途

空间站目前的设计由数个模组化空间所组成。模组化的方式是将空间站的材料分批送入太空中组装，并依据需求以加挂的方式来增加空间。整个空间站大致由核心模组（主控室）附挂其他模组，如起居室、实验室等组成。在太空中长期居留，需要空间来储存足够的氧气、食物与饮水，而宇航员的起居空间也相当重要，要让宇航员可以休息与运动。空间站内仪器设备所需要的电力由太阳能电池板来供应，空间站的物资则由地面发射航天飞机做定期的运补。此外，为保障宇航员的身体与心理健康，他们需轮班进驻。航天飞机进入空间站轨道后，必须与空间站对接，才能进行物资运补与人员交换的工作。

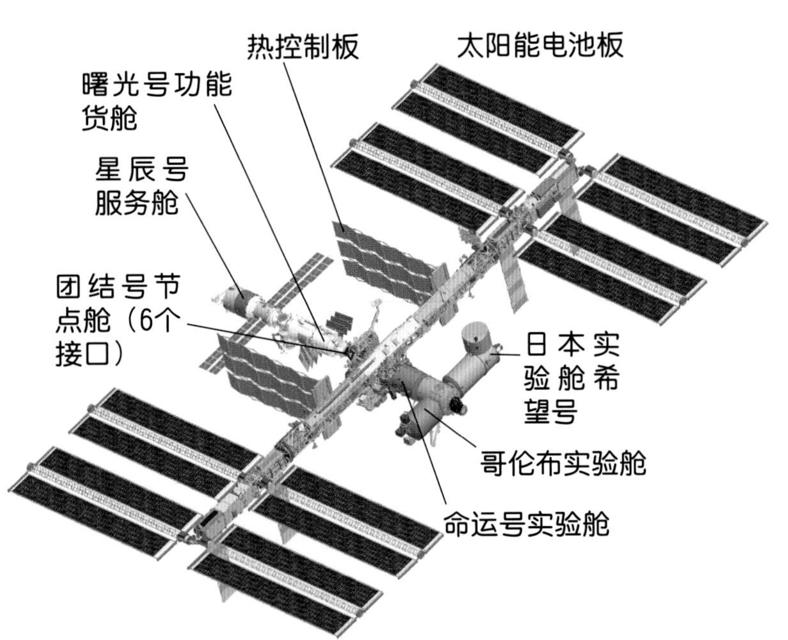

国际空间站（ISS）是目前正在使用的空间站，面积约1个足球场大，自1998年曙光号功能货舱开始，已陆续连接星辰号、命运号、哥伦布实验舱、日本实验舱希望号等模组，将来还会陆续增加。（图片提供/NASA）

国际空间站除了科学研究，也是目前太空观光客的太空住所。图为第一位到太空的女观光客安萨里拿着空间站内种植的植物。（图片提供/NASA）

宇航员的食物

在太空中微重力或无重力的状态下用餐，可不像在地球上一样轻松，因为食物与饮水如果不加以固定，就会四处飘散而污染太空舱。早期的太空食物是装在像牙膏般的容器内，加上吸管让宇航员来吸食，即使是固态的食物也必须打成果泥状装入容器内。虽然后来改良成冷冻干燥食物与可微波加热的食物袋，但口味仍然无法与正常食物相比，因此有许多食品研发单位正努力研发更营养美味的太空食物，来造福辛苦的宇航员。

太空中没有重力，食物会四处飘移。图为国际空间站上的宇航员正在吃汉堡。（图片提供/NASA）

和平号与国际空间站

Mir与航天飞机亚特兰蒂斯号对接，航天飞机也是运载空间站物资或模组的重要交通工具。（图片提供/NASA）

和平号Mir由前苏联所建造，也是第一个提供宇航员长期居留的空间站。和平号由多个模组在轨道上组装而成，包括核心模组、量子号、量子2号、频谱号、晶体号、自然号、码头号与进步号8个模组。第一个模组于1986年2月19日发射升空，其余模组则相继升空组装。和平号在运作15年后，在2001年3月23日，以自身的控制装置减速坠入地球大气层，大约有40吨空间站碎片落入南太平洋海域中，这也是史上最大的人造物体自太空中坠落，所以受到世界各国的重视与严密监控。

和平号的研究任务后来由国际空间站ISS所取代。国际空间站是以NASA和RSA为首的8个太空发展机构共同兴建，第一个模组在1998年发射升空，整个空间站的组装完成预计需要超过50次以上的太空任务。

空间站必须与地面控制中心保持联系，才能正常运作。图为国际空间站位于俄罗斯Korolev的地面控制中心。（图片提供/NASA）

单元14

未来的太空旅行

（太阳帆宇宙1号模拟图，图片提供/GFDL）

1865年，法国作家凡尔纳在小说《从地球到月亮》中描述人类到月球旅行的故事，当时绝大多数的人都认为这是不可能的，然而在21世纪的今天，拜科技进步所赐，人类发射的航天器已经飞离太阳系，到太空旅行也不再是梦想。

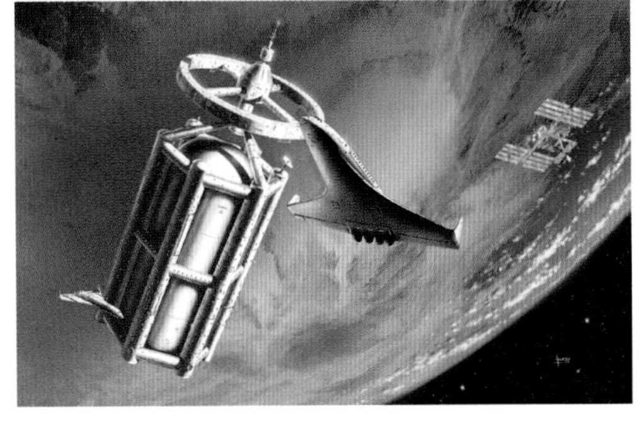

未来的太空旅馆，将提供在太空中住宿的地方，而旅客则可以搭乘空天飞机往返两地。（图片提供/达志影像）

太空观光

太空观光已经行之有年，但目前只有富豪负担得起昂贵的费用，而且还必须像宇航员一样接受训练，才可以登上航天器进入太空。第一位太空观光客是美国人提托，他在2001年搭乘俄罗斯的联盟号到国际空间站住了6天，花费2,000万美元。

未来的太空旅行应该是超乎目前我们的想象。如果进入太空的载具可以发展成像飞机一样，从地面航空站起飞后进入太空再重返地球降落，将能大大减少像火箭般发射时的风险与费用。此外，

欧洲宇航防务集团（EADS）研发中的空天飞机，可利用自身的火箭引擎飞达距地表100千米处，并能让机上4名旅客享受近3分钟的无重力体验，研发成功后将对外营运，每人旅费预计20万—26.5万美元。（图片提供/达志影像）

由白色骑士搭载的航天器1号（SS1）是民间研发出的空天飞机，可飞达离地表100千米处。（图片提供/维基百科）

未来的航天服可采用最先进的人造纤维，例如美国麻省理工学院研发的由人造纤维和尼龙打造而成的“Bio Suit”，较传统厚重的航天服轻巧许多。位于地球轨道上的太空旅馆，则提供太空旅行的住宿，例如目前设计中的银河套房，住宿3天要价400万美元，如何打造出更平民化与更方便的太空旅行，将是未来的一大挑战。

为了进行长距离的太空旅行，科学家尝试以巨大的薄膜镜片——太阳帆（左）为动力，让航天器（右）不需太多的燃料，只要有阳光照射便能前进。（图片提供/NASA）

星际间的旅行

目前人类的航天器飞行速度有限，而距离地球最近的恒星有1.7光年的距离，以目前航天器飞行的速度要飞行4万年后才能到达，而其他星系距离动辄以百万光年来计算，所以星际间的旅行在目前来说不太可能。有人提出以冬眠减缓人体新陈代谢来进行星际间旅行，还有的提出所谓的物质传送构想。原则上要依靠传统的飞行来达成星际间旅行非常困难，除非发明出可以达到光速甚至超光速的航天器，因此许多天文学家正在研究宇宙中的空间扭曲或连接问题，尝试解开宇宙空间之谜，也许将来真的可以超越速度与时间的束缚，让星际间的旅行成真。

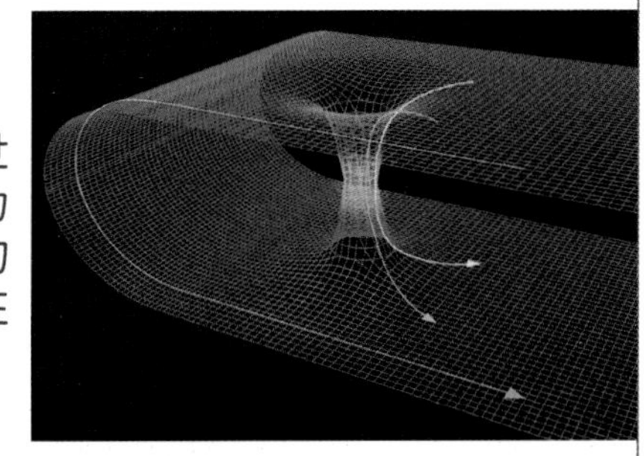

“虫洞”是爱因斯坦在20世纪30年代提出的理论，认为人类可借此进行宇宙空间的瞬间移动，这种想法曾在电影《星际迷航》中出现。（插画/吴仪宽）

光年

宇宙实在是太辽阔了，宇宙中星际间的距离已经无法用米或千米等长度单位来表示，现在是以目前已知的最快速度——光速行走的距离来表示。

光速每秒将近30万千米，1光年表示以光速行走1年的距离，经过换算约为94.5424兆亿多千米，等于是绕地球2,363万圈（1圈约4万千米）。

英语关键词

太空 space

太空探测 space exploration

太空竞赛 space race

太空垃圾 space debris / space junk

大气层 atmosphere

对流层 troposphere

平流层 stratosphere

臭氧层 ozone layer

中间层 mesosphere

热层 thermosphere

航天器 spaceship

航天飞机 space shuttle

空天飞机 spaceplane

火箭 rocket

固态火箭 solid-fuel rocket

液态火箭 liquid-fuel rocket

运载火箭 launch vehicle

人造卫星 satellite

低轨道 low earth orbit / LEO

中轨道 medium earth orbit / MEO

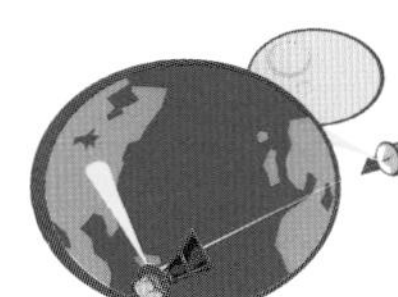

高轨道 geosynchronous orbit / GEO

通信卫星 communications satellite / telstar

气象卫星 weather satellite

间谍卫星 spy satellite

地球资源卫星 earth observing system / EOS

宇航员 astronaut

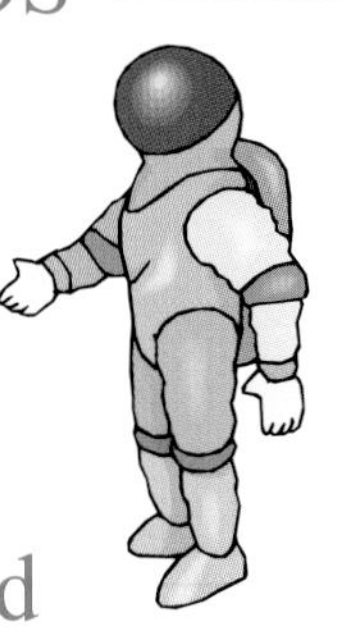

航天服 space suit

太空食物 space food

舱外活动 extra-vehicular activity

失重 weightlessness

月球探测　exploration of the Moon

月球计划　Luna program

阿波罗计划　Apollo program

登月艇　Lunar module

火星探测　exploration of Mars

火星探测车　Mars rover

火星科学实验室　Mars Science Laboratory / MSL

空间站　space station

和平号空间站　Mir space station

国际空间站　International Space Station / ISS

太空望远镜　space telescope

哈勃太空望远镜　Hubble space telescope / HST

X射线望远镜　X-ray telescope

太空武器　space weapons

激光　laser

导弹　missile

反卫星武器　anti-satellite weapon

太空旅行　space tour

太空观光客　space tourist

太空旅馆　space hotel

太阳帆　Solar sail

美国国家航空航天局　National Aeronautics and Space Administration / NASA

俄罗斯联邦航天局　Russian Space Agency / RSA

欧洲航天局　European Space Agency / ESA

中国国家航天局　China National Space Administration / CNSA

日本宇宙航空开发研究机构　Japan Aerospace Exploration Agency / JAXA

新视野学习单

1 连连看。哪些人、事、物是太空发展史上的第一呢？

第一颗人造卫星 · · 美国人阿姆斯特朗
第一位宇航员 · · 前苏联的列昂诺夫
第一位女宇航员 · · 斯普特尼克1号
第一位太空行走的宇航员 · · 前苏联的捷列什科娃
第一位登陆月球的人 · · 前苏联的加加林

（答案在第06—07页）

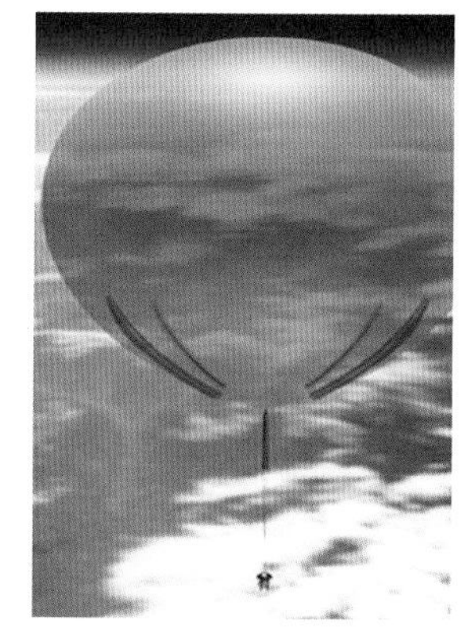

2 关于太空环境的描述，哪些是正确的？（多选题）

1.太空中仍有空气，所以人类可以在太空中生存。
2.太空中没有大气层保护，所以各种射线对人体危害很大。
3.从地球表面出发，大约100千米以外都算是太空。
4.大气层从低到高分别为对流层、平流层、中间层、热层。

（答案在第06—09页）

3 关于火箭的描述，对的请打○，错的请打×。

（ ）美国科学家戈达德制造出第一枚火箭。
（ ）德国在第二次大战时使用的V-2火箭，是日后火箭技术的基础。
（ ）目前火箭的燃料有固态和液态两种。
（ ）大型火箭多采用单节式设计。

（答案在第10—11页）

4 关于人造卫星的说明，哪些是正确的？（多选题）

1.人造卫星运行的原理是利用力学上的力平衡关系。
2.人造卫星一旦进入轨道，就永远不会掉落。
3.人造卫星依功能分为科学、通信、军事、气象、导航等种类。
4.人造卫星依照功能而有不同的绕行轨道。

（答案在第12—13页）

5 关于宇航员的叙述，哪些是正确的？（多选题）

1.目前只有科学家和飞行员可以担任宇航员。
2.出发前必须接受零重力等各种训练。
3.在太空中必须穿着航天服，才能生存。
4.宇航员的任务只是驾驶航天飞机。

（答案在第14—15页）

6 关于航天器的描述，对的请打○，错的请打×。

（ ）航天器是人类进入太空的交通工具。

（ ）火箭和航天飞机都是航天器的一种，都可重复使用。

（ ）减少携带燃料，是新一代航天器的发展方向之一。

（ ）研发中的空天飞机可从地面起飞后进入太空，减少发射时的风险。

（答案在第16—17、32—33页）

7 人类对于月球和火星的探测有何成果，哪些是正确的？（多选题）

1.美国在阿波罗计划中实现了人类登陆月球的梦想。

2.目前中国、日本等国家开始积极探月，希望能更了解月球。

3.经过探测后，发现火星上真的有生命存在。

4.火星探测车是探索火星的利器，不过前进速度很慢。

（答案在第18—21页）

8 人类如何探索深太空，哪一项描述是错误的？（单选题）

1.利用太空望远镜可减少大气层的干扰。

2.只要用哈勃太空望远镜，便能观测到太空中所有的光波段。

3.目前飞行最远的航天器是旅行者1号与2号。

4.人类在航天器上放置唱片或金属板，作为地球的自我介绍。

（答案在第22—23页）

9 关于各国的太空发展，哪些是正确的？（多选题）

1.前苏联是最早成立太空机构的国家。

2.美国和中国都曾以导弹击落卫星。

3.美国的NASA是目前最大的太空机构。

4.太空垃圾的体积都很小，所以并没有太大的威胁。

（答案在第24—29页）

10 关于未来的太空发展，对的请打○，错的请打×。

（ ）空间站是可让人长期停留在太空中的基地。

（ ）目前的空间站是国际号，可用模组组装的方式继续扩充。

（ ）由于太空旅行难度太高，因此目前还没有太空观光客。

（ ）科学家想利用冬眠或物质传送等方式来进行星际旅行。

（答案在第30—33页）

我想知道……

这里有30个有意思的问题，请你沿着格子前进，找出答案，你将会有意想不到的惊喜哦！

开始！

为什么宇航员在太空中要保持运动？ P.06

最早进入太空的是哪一种动物？ P.07

最早的谁研发

火星探测车的行进速度有多慢？ P.21

为什么要放置太空望远镜？ P.22

哪些航天器已飞离太阳系？ P.23

太棒得美牌。

火星上有“人工运河”吗？ P.21

宇航员如何吃东西？ P.31

最早的太空观光客花了多少旅费？ P.32

什么是“虫洞”呢？ P.33

为什么航天飞机底部要装隔热砖？ P.16

第一个长期使用的空间站是哪座？ P.31

目前使用的国际空间站有多大？ P.30

颁发洲金

太厉害了，非洲金牌也是你的！

航天飞机如何降落地球？ P.16

第一架航天飞机是何时发射的？ P.16

宇航员如何在太空中移动？ P.15

航天服

火箭是
出来的？
P.07

宇航员的尿液有何作用？
P.09

太空中没有太阳光照射的地方有多冷？
P.09

不错哦，你已前进5格。送你一块亚洲金牌！

谁是火箭之父？
P.10

航天飞机是如何发射的？
P.27

地球信息图是什么？
P.23

了，赢
洲金

大型火箭为什么要采用多节式构造？
P.10

哪项任务代表美苏的太空竞赛已缓和？
P.29

太好了！
你是不是觉得：
Open a Book！
Open the World！

人造卫星的寿命结束后会如何？
P.12

为什么卫星发射地点要靠近赤道？
P.13

目前有多少太空垃圾在轨道上？
P.29

空间站是由什么所组成？
P.30

大洋
牌。

有多重？
P.15

呕吐彗星号如何让宇航员模拟无重力状态？
P.15

获得欧洲金牌一枚，请继续加油！

宇航员为什么要在游泳池内受训？
P.14

图书在版编目（CIP）数据

太空发展：大字版 / 陈信光撰文．—北京：中国盲文出版社，2014.5

（新视野学习百科；05）

ISBN 978-7-5002-5133-0

Ⅰ．①太… Ⅱ．①陈… Ⅲ．①宇宙学—青少年读物 ②空间科学—青少年读物 Ⅳ．①P159-49 ②V1-49

中国版本图书馆 CIP 数据核字 (2014) 第 090211 号

原出版者：暢談國際文化事業股份有限公司

著作权合同登记号 图字：01-2014-2128 号

太空发展

撰　　文：陈信光
审　　订：冯朝刚
责任编辑：张文韬　徐廷贤
出版发行：中国盲文出版社
社　　址：北京市西城区太平街甲 6 号
邮政编码：100050
印　　刷：北京盛通印刷股份有限公司
经　　销：新华书店
开　　本：889×1194　1/16
字　　数：33 千字
印　　张：2.5
版　　次：2014 年 12 月第 1 版　2014 年 12 月第 1 次印刷
书　　号：ISBN 978-7-5002-5133-0/ P · 39
定　　价：16.00 元
销售热线：（010）83190288 83190292